小牛顿 科学与人文

将科学的触角伸入更多领域，让科学更生动更有趣

曹冲称象为什么会用船？
故事中的趣味物理

小牛顿科学教育有限公司 / 编著

内附科学视频

中国出版集团　现代出版社

小牛顿 科学与人文

来自海峡两岸极具影响力的原创科普读物"小牛顿"系列曾荣获台湾地区 26 个出版奖项，三度荣获金鼎奖。"科学与人文"系列将"科学"与"人文"相结合，将科学的触角伸入更多领域，使科学更生动、多元、发散。全系列共 12 册，涉及植物、动物、宇宙、物理、化学、地理、人体等七大领域。用 180 个主题、360 个科学知识点来讲解，并配以 47 个有趣的科学视频进行拓展，扫描二维码即可快捷观看，利用多媒体延伸阅读。本系列经由植物学、动物学、天文学、地质学、物理学、医学等领域的科学家和科普作家审读，并由多位教育专家、阅读推广人推荐，具有权威性。

科学专家顾问团队（按姓氏音序排列）

崔克西 新世纪医疗、嫣然天使儿童医院儿科主诊医师

舒庆艳 中国科学院植物研究所副研究员、硕士生导师

王俊杰 中国科学院国家天文台项目首席科学家、研究员、博士生导师

吴宝俊 中国科学院大学工程师、科普作家

杨 蔚 中国科学院地质与地球物理研究所研究员、中国科学院青年创新促进会副理事长

张小蜂 中国科学院动物研究所研究助理、科普作家、"蜂言蜂语"科普公众号创始人

教育专家顾问团队（按姓氏音序排列）

胡继军 沈阳市第二十中学校长

刘更臣 北京市第六十五中学数学特级教师

闫佳伟 东北师大附中明珠校区德育副校长

杨 珍 北京市何易思学堂园长、阅读推广人

编者的话

童话故事除了有无限丰富的想象力，还可以带给孩子什么启发呢？如果看故事的同时，还能带领孩子探索科学奥秘，充实生活的知识与智慧，该有多好。

有没有想过《马头琴》故事中，这把琴为什么只有两条弦就能发出悠扬的琴音呢？《曹冲称象》中，聪明的曹冲用什么方法来秤量巨大的大象呢？《阿基米德》故事里，这位伟大的古希腊科学家除了解决了皇冠难题，还发现了什么科学秘密呢？其实，在小朋友耳熟能详的童话故事里，蕴藏着许多有趣的科学现象。

本系列借由生动的童话故事，引发儿童的学习动机，将科学原理活泼生动地带到孩子生活的世界，拉近幻想与现实的距离，让枯燥生涩的科学知识染上缤纷色彩。本系列分成动物、植物、物理、化学和地球宇宙等领域，让孩子在阅读过程中，对科学知识有更系统性的认识。透过本书一张张充满童趣的插图、幽默诙谐的人物对话、深入浅出的文字说明，带领孩子从想象世界走进科学天地。

伊卡洛斯

希腊神话中有一位著名的工匠叫作代达罗斯，他做过最伟大的工程就是为克里特岛国王弥诺斯建造了一座富丽堂皇的迷宫，里面关押着半牛半人的怪物弥诺陶洛斯，弥诺陶洛斯是皇后受到诅咒，爱上一头纯白色公牛所生的儿子。但是国王担心秘密走漏，于是下令将代达罗斯和他的儿子伊卡洛斯一同关进迷宫的最高塔楼里，要想逃脱非常不容易。

事实上代达罗斯的确设计得天衣无缝，连他自己都无法逃出自己所建的迷宫，代达罗斯跟儿子说："既然我们在最高层，向下逃脱不易，那我们就飞出去吧！"他开始埋头设计飞行翼。

飞行翼是以鸟的羽毛为基础,结合了蜡而制成的。制作完成后,父子俩准备逃出去,起飞前代达罗斯告诫儿子:"飞行高度如果过低,蜡翼会因潮湿的雾气,而使飞行速度受阻;但是如果飞行高度过高,则会因强烈阳光所照射的高热,而让羽翼灼烧熔化。"

伊卡洛斯听了,根本没当回事儿。父子俩从岛上的石塔成功逃出的时候,年轻的伊卡洛斯因初次飞行的喜悦,在蔚蓝的天空中展翅翱翔,越飞越高,完全忘记了父亲的叮咛。结果,他太接近太阳了,双翼被太阳熔化而跌落水中丧生,最后,伊卡洛斯被埋葬在一个海岛上,这海岛后来被命名为伊卡利亚。

父亲代达罗斯目睹此景,悲伤地飞回家乡,并将自己身上的那对蜡翼悬挂在奥林波斯山的阿波罗神殿里,从此不再飞翔。

有翅膀就能飞？

制作一对上蜡的翅膀就能飞翔吗？这些传说都只是人类向往鸟类飞行的美丽幻想罢了！

但是，鸟为什么会飞呢？那是因为它们除了有一对翅膀作为飞行器官，还具备很多相应的生理条件，例如重量极轻的中空骨骼、增加浮力的气囊、流线型的身体构造，再运用拍翅、滑翔及悬停等和气流相互配合的飞行技巧，才能成为自然界最完美又有生命的飞行器。

人类很久以前就梦想能飞上高空，像鸟儿一样翱翔天际，这样的尝试前赴后继，从来没有间断过。据说在公元前4世纪，埃及数学家阿尔库塔斯曾以蒸汽为动力，打造了一架外形酷似鸽子的飞行器，还飞行了两百米的距离，这在古代可是件壮举！在中国，飞行器诞生的时间可能更早。根据《墨子·鲁问》记载，春秋战国时期的巧匠鲁班曾经打造了一只木制大鸟，在天上飞行了三天三夜。文艺复兴时期，天才艺术家兼科学家达·芬奇观察鸟类拍击翅膀的方式，设计出一台扑翼机，需要由一位飞行员以摇杆和踏板的方式来操控机翼，可以说是现代仿生科技的鼻祖。

鸟类的流体力学

鸟类具有气囊构造，加上中空的骨骼和极轻的羽毛，可以减少身体重量，有效降低自身的重力；当它们需要俯冲以及降落的时候，则会运用自身的重力。为了将阻力降到最小，鸟类的曲线身体呈现流线型构造，再加上强健的心脏和胸肌，让它们能在高空持续拍击翅膀，产生推力和上升力，尾巴则用来控制和调整方向。

好羡慕鸟类可以飞。

飞机如何飞上蓝天

早期人类对飞行的尝试，仅聚焦在模仿鸟儿的翅膀拍击上，却忽略整体力学的平衡，因此一直无法成功。19世纪，空气动力学之父乔治·凯利画出滑翔机设计图，飞行器的设计方向由仿鸟扑翼机转向运用气流的滑翔机，20世纪的莱特兄弟持续改良滑翔机的动力和机翼弧度，终于在飞行试验上取得了重大突破。

飞机在天空中，主要受到推力、阻力、升力及重力四种力的影响——推力来自引擎，阻力来自空气，重力来自飞机自身，升力来自空气。当推力大于阻力、升力大于重力时，飞机就能起飞和爬升。这种不同于鸟类的飞行方式，就让人类得以顺利飞向天空啰！

前进时，机翼上方气流比下方快，导致上方压力小，因此在主翼上产生向上的力。

升力

推力 为了使飞机前进，由引擎所产生的力。

阻力 飞机前进时，受到来自空气的与前进方向相反的力。

重力 飞机的全体之重力。

引擎与推力

飞机的推力主要是由飞机引擎产生，发动机内的涡轮叶片会不断吸入冷空气，经过燃烧，使空气温度升高、受热膨胀并快速向后喷出，此时便产生反向的推力。

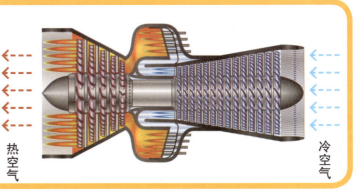

热空气　　冷空气

孟姜女

秦始皇时期，有一位叫范喜良的书生，自幼饱读诗书，却不料秦始皇下令修筑长城，到处征召男丁，范喜良不幸被抽中，他慌乱中跳墙躲到孟家的后花园里，和孟家女儿孟姜女结下良缘，做了小夫妻，新婚生活十分甜蜜。

不料才过几天，一群衙役听到了消息，来到孟家硬把范喜良押去修长城。孟姜女成天哭，眼巴巴盼着，夫婿仍然音信全无。眼看着冬天就要来了，孟姜女实在放心不下："天气这么冷，范喜良瘦弱的身体怎么撑得住呢？"她连夜为丈夫做了一件保暖的棉衣，决定亲自送去长城。

前往长城的路途非常遥远，家人说什么也不放心让女儿前去，孟姜女心想："就算长城远在天边，我也要走到天边去找我的丈夫！"于是她瞒着家人，打包简单的行李，带着为夫婿缝制的冬衣上路了。孟姜女日夜赶路，长途跋涉，衣服、鞋子磨破了也毫不在意，凭着一股坚定的决心毅力，终于走到了长城。但是茫茫人海中，要到哪儿去找范喜良呢？

既然都走到了长城，这点困难当然算不了什么。"我的丈夫范喜良呢？"孟姜女逢人就问丈夫的下落，但问了半天却没有人听过。

"嗯，我知道这个人……"终于，有人回应了。"他在哪儿呢？"孟姜女焦急地问。民工吞吞吐吐地说："范喜良上个月就……就……累死了！"

"啊？尸首呢？没有见到尸首之前，我不相信！"

民工说："死的人太多，埋不过来，监工命令我们把死去的人都填到长城里头了！"

孟姜女感到万念俱灰，失声痛哭起来："范喜良，我好不容易才来到这里，你出来啊！"她一边哭着，一边用手拍着长城的墙壁，听得两旁的民工鼻酸掉泪。这时，却没想到奇怪的事情出现了！忽然"哗啦啦"一声巨响，长城像天崩地裂似的一下子倒塌了一大段，露出了一堆尸骨。孟姜女从破烂的衣扣中，认出了丈夫的尸骨，她弯腰将自己做的棉衣盖在范喜良身上，抱了抱丈夫的尸首，转身慢慢离开，消失在众人的视线中。

声音是什么？

孟姜女哭倒万里长城，究竟是花了多大的力量才能让万里长城倒塌？其实，这是一种夸张的故事手法。然而，声音究竟是一种什么样的力量呢？

声音的传播形式叫作声波。声波是一种因物体迅速振动，在空气、水等介质中引起的波动，透过这些介质传递到听觉器官中，就成为声音。声音振动的强度越强，引起的波动幅度越大，我们听到的声音就越响，计算声音大小的单位是"分贝"。如果声波每秒振动的次数越多，也就是振动的频率越快，我们听到的音调则会越高，用来计量声音频率的单位是"赫兹"。

声波的威力

你知道吗？在现今世界中，声波已经是武器了。声波武器是运用半导体作为发射器，可以像聚光灯一样，产生一束极为狭窄的声波，只有特定的接收者才能听见，而且这种高度定向的声音，可以从几百米之外发出来。声波武器对人体的伤害，轻者可以使人有被重重一击的感觉，重者能让人头痛、休克甚至窒息。

范喜良！范喜良！你在哪里？

传递声音的介质

传播声音的物质称为介质，没有介质声音就无从传递，因此在真空的状态下是听不到声音的。一般情况下，声音是以空气为传播介质，不过介质也可以是固体（如钢铁、木头）或液体（如水），在上面三种介质中，传声速度最快的是固体，然后是液体，最慢的是气体。

扰人清梦的蚊子叫声，是因蚊子振动翅膀在空气中引起的波动而产生的；在一条绳子的两端分别系上纸杯，一个人对着纸杯小声讲话，另一人将纸杯放在耳边，可以听到对方声音，这是固体（绳子）传递声波的例子；又如音叉发出声音时，在还没和水面接触时，就可以让水面产生涟漪，这是因为声音通过气体（空气）传递到水面。当介质相同时，传声速度也会相同，描述声音大小的响度也和介质有关，而声音的频率则与介质无关。

进入大型演唱会场，经常可以感受到地板微微地振动，就是声波透过固体介质（地面）传递的例子。

打雷其实就是闪电时因空气急速膨胀产生的声波，由于声音传导的速度比光慢许多，因此我们会先看见闪电，而后才听到雷声。

从前在波斯王国，住着两个兄弟，哥哥叫凯西姆，弟弟叫阿里巴巴，阿里巴巴很穷，他每天要到山上砍柴维生。

有一次，他在砍柴途中看到一群强盗，人数多达四十人，阿里巴巴赶紧躲起来。他看见强盗们背着抢夺来的金银珠宝来到一面山壁前，大喊了一声"芝麻开门"，山壁竟然打开了一个洞，强盗们从洞口鱼贯而入，最后一个进入的喊了声"芝麻关门"，山壁又恢复了原状。过了一阵子，山壁再度打开，强盗们两手空空地从洞中走出来。阿里巴巴等强盗离开后，也站在山壁前喊了声"芝麻开门"，霎时间，一大片金光闪闪的黄金珠宝映入眼帘，阿里巴巴惊呆了，但是理智告诉他强盗很快会回来，他捡了些贵重的宝石放进口袋里，然后就离开了。

阿里巴巴变卖了那些宝石，生活马上富裕起来。哥哥凯西姆发现后，也问出了地点自己去淘宝，可惜他只顾着将一袋袋的金银财宝塞进袋子，忘了念"芝麻关门"的咒语，最后被强盗发现，死在了强盗的手下。阿里巴巴等不到哥哥回来，决定去山洞寻找，果然发现了凯西姆的尸体。

因为藏宝的地点曝光了，强盗循着线索找到阿里巴巴的家，并在大门上做了记号，却被机灵的女仆发现，在附近所有门上都做了一样的记号。强盗头子没能得逞，决定将另外39位强盗藏在大油罐里，自己装扮成商人去找阿里巴巴。阿里巴巴好心收留他投宿，还吩咐仆人煮食物招待强盗头子，不过又被聪明的女仆识破了，她烧了一桶油倒入装强盗的桶里，39名强盗活活被油烫死了。

最后，强盗头子也被绳之以法了。阿里巴巴回到山上，把强盗的珠宝全部搬出来分给穷人们，从此大家都过着幸福快乐的日子。

宝石是什么？

宝石是什么东西，为什么阿里巴巴随手捡几颗宝石，就能过上好日子呢？

市面上超过90%以上的宝石，都是由矿物经过切割与打磨后制成，其余如珍珠、琥珀等则是由有机生物体的各种作用所形成。那矿物又是什么呢？矿物就是构成固态地球的基本物质，我们常见的岩石，就是由一种或多种矿物所组成的。

当矿物符合色彩艳丽、没有裂痕、瑕疵少、硬度大（通常在莫氏硬度6以上），或是具有变彩、变色等光学效应，而且在自然界中越稀有，就值得加以打磨抛光，从而成为珍贵的宝石。如何将原先开采的矿石切割成耀眼的宝石是一个大学问，切割方式不同，也会影响宝石的品质和色泽哦！

珍贵的宝石在哪里？

火成岩
是地表下深处缓慢结晶的结果，岩浆冷凝的速度越慢，形成的晶体就越大，钻石、蓝宝石、橄榄石都属于此类。

沉积岩
是岩石风化后所形成的沉积物，经堆积、压密、硬化而形成，多数属于次生矿物的宝石。绿松石、蛋白石、孔雀石、绿玉髓等宝石大多在此产出。

变质岩
是岩石受外界温度、压力或化学环境改变而产生变质作用产生的宝石矿物。铝含量较高的大理岩、片岩或片麻岩内出现的红宝石、蓝宝石都属于此类。

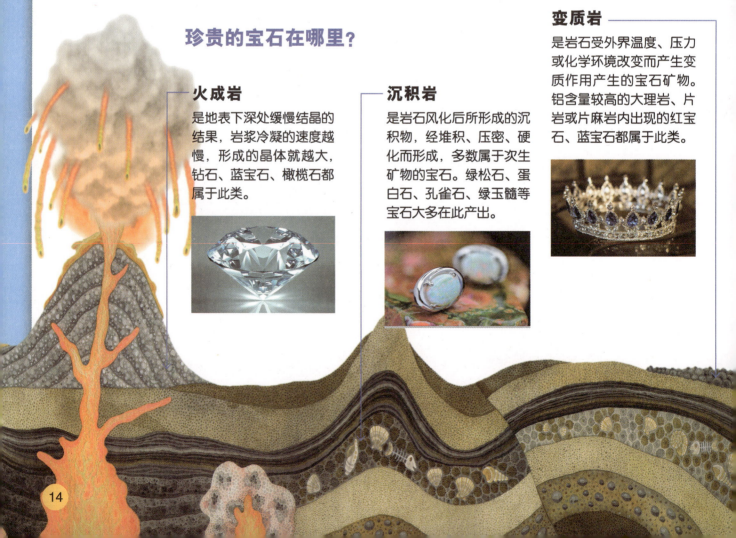

无坚不摧的钻石

钻石是最昂贵的宝石，它的原石是金刚石，一种由纯碳组成的矿物。由于钻石在所有矿物中的硬度最高，又非常稀有，加上打磨抛光后闪耀着璀璨的光芒，因此价格昂贵，一克拉约 0.2 克的钻石，价钱是人民币 5 万元左右，有些甚至更高！

钻石的希腊语"Adamas"，代表坚不可摧。人们很早就知道钻石坚硬的特性，并利用钻石作为切割、钻孔的工具。传说中爱神丘比特的箭头就镶嵌着闪耀的钻石，这代表钻石在许久以前就被人们所熟知了！近代由于切割工艺的精进，钻石更广泛地被应用在首饰领域，由于钻石有许多等级，所以对钻石品质、真伪的鉴定，也就越来越严格了。

> 洗得干干净净，才能卖个好价钱。

评定钻石的 4C 标准

克拉 (Carat)
钻石以克拉为单位，每克拉为 200 毫克，早期并没有专属于钻石的微量单位，就利用豆科植物克拉豆的重量来计算。

色泽 (Color)
大多数钻石都因带有氮原子而偏黄，白钻颜色越偏黄价值越低，完全纯正的钻石应该是透明无色的。

净度 (Clarity)
钻石是天然矿物，内部难免含有一些裂纹或杂质，这些内含物会影响光线折射。完全纯净无瑕的钻石相当稀有，价格也最昂贵。

切割 (Cut)
切割指切磨钻石形状的工艺技术，也就是车工。经过现代车工切割的钻石光芒夺目，璀璨生辉。

莫氏硬度表

德国矿物学家腓特烈·摩斯在 1822 年提出"莫氏硬度表"，他先测量十种常见矿物的硬度，以它们作为 1～10 的硬度标准，再将未知矿物和这十种矿物彼此摩擦，比较软的矿物上会出现刮痕，就能够判断该矿物的硬度。

软									硬
1	2	3	4	5	6	7	8	9	10
滑石	石膏	方解石	萤石	磷灰石	正长石	石英	黄玉	刚玉	金刚石

阿基米德的燃烧镜

传说公元前213年，罗马的执政官马塞拉斯率军攻打希腊西西里岛的叙拉古城，叙拉古城就是希腊著名的数学家、物理学家阿基米德的家乡，在这场保卫战中，他充分发挥了聪明才智，利用杠杆原理制造了一批在城头上使用的投石器。

当罗马人入侵的时候，他准备了许多又大又重的石块，以飞快的速度，用投石器投向从陆地上入侵的敌人。罗马人即使武力装备齐全，可手里的小盾牌根本抵挡不住大石块的冲击，大家被打得落花流水，争相逃窜。阿基米

德还发明了一种巨大的起重机式的机械巨手，可以抓住罗马人的战船，把船吊在半空中摇来晃去，最后抛至海边的岩石上。罗马人惊恐万分，听到阿基米德的名字都吓坏了，只好撤退到安全地带。

更令人称奇的是，当罗马人的战船退到机械手的施力范围之外时，阿基米德使出了令人千古赞叹的一招，他让城里的士兵手拿镜子，利用镜面的聚光作用，把阳光聚集到罗马战船上，让它们自己燃烧起来。

罗马的许多船只都被烧毁了，但是他们却找不到失火的原因，防不胜防的罗马军队被阿基米德的发明弄得焦头烂额，面对这种情况，无奈的罗马军统帅马塞拉斯也不得不自嘲："这是一场罗马舰队与阿基米德一个人的战争。"

叙拉古城久攻不下，罗马舰队最后采取了围而不攻的办法，切断了城内外的联系，直至一年后，内部有人通敌，这座城池才被攻破。进城后的马塞拉斯十分敬佩使他屡次败北的阿基米德，于是派人去请他，并下令不要伤害他。当时阿基米德在地上画几何图形研究问题，一位罗马士兵踩在他所画的图形上，阿基米德很生气，要他走开不要踩坏图形，却被这位鲁莽无知的士兵举剑刺死了。

科学教室

镜子的反射

镜子真的能让船只燃烧起来吗？近代科学家对于这则历史故事的真实性仍有存疑，但镜子能反射光线的特性确实妙用无穷。当我们站在镜前照镜子的时候，能从平面镜中看到一个和我们自己一样的人像，那是因为光线照射到我们的身上，再反射到镜面上，而平面镜镀有一层金属膜，能将大量光线反射到人的眼睛里，因此我们能看到平面镜中的自己。《三国演义》"孟德献刀"里面说，曹操趁董卓睡觉的时候拿刀行刺他，董卓从铜镜中看见了身后事物，这就是平面镜成像的作用。

我们所看见镜中的影像，是真实物体反射光线后进入眼睛，眼睛沿着光的反射线，在镜子后方延伸交会而成。但是在平面镜中所形成物体的像，只能经由我们的眼睛看到，并不能再投射至其他屏幕，这种像称为虚像，平面镜中的虚像与原物体的大小相同、左右相反，而且两者与镜面的距离相等。

透过镜子的反射，我们才能看见自己。

汽车后视镜帮助我们了解路况，提升行车安全。

Mirror（镜子）

将镜子放在 Mirror 几个字母下方，会出现什么影像？（答案在后页下方）

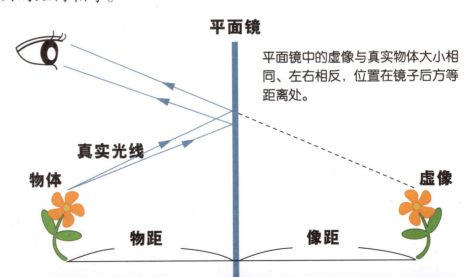

平面镜中的虚像与真实物体大小相同、左右相反，位置在镜子后方等距离处。

🔍 有趣的曲面镜

如果说镜子是诚实的，这句话也不完全正确，因为若将镜面弯曲，光线从不同的角度进入我们的眼睛，可以看到截然不同的效果哦！

镜面向外凸出的镜子称为凸面镜，光亮的汤匙背面有凸面镜的效果；盘山公路边所架设的凸面镜，能增加反射镜前物体的成像范围，帮助驾驶员看到弯道的对向来车。

将汤匙转过来，内侧便是凹面镜，还有汽车的车前灯手电筒也使用了凹面镜。平行光源射进凹面镜时，会聚焦在面镜前方的焦点上，反之若将光源置于凹面镜的焦点处，所发出的光线会平行射出，可以增加照射强度。

去游乐场或科学馆照过哈哈镜吗？它的原理是把上面两种凸、凹面镜组合起来而成的曲面镜，引起的不规则光线反射与聚焦，产生高矮胖瘦不同的有趣影像，让人看了哈哈大笑。

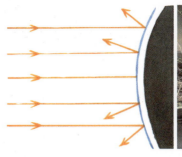

凸面镜
凸面镜能发散光线，增加反射镜前的成像范围，经常用在马路交道口观察来车情况。

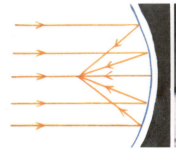

凹面镜
凹面镜有聚焦光线的效果，经常用在手电筒、车头灯上。

哈哈镜
扭曲的镜面让物体呈现高矮胖瘦等不同效果。

> 不用钻得那么辛苦，我的凹面镜借给你用！

飞箱

从前有一个年轻人，继承了父亲全部的财产，每天举办豪华的宴会，很快就把所有的钱都挥霍殆尽，最后他只剩下四个铜币、一双便鞋和一件旧睡衣。他的朋友都不愿意跟他来往了，只有一位好心的朋友送给他一个旧箱子，并说："把你的东西收拾进去吧！"但是年轻人没有什么东西可以收拾，因此就自己坐进箱子里去了。

没想到，这是一只有魔法的箱子，年轻人将它的锁按了一下，箱子竟然飞起来了，带着他越飞越高、越飞越远，穿过厚厚的云层，飞到遥远的土耳其，还来到了公主的房间。

"请公主殿下不要害怕，我是土耳其的神，特意飞过来和你相会的。"年轻人这样自我介绍，还编了好多好听的故事，深深地把公主迷住了，最后公主答应了他的求婚，希望他过几天能来向国王和王后提亲。

"我爸爸喜欢听有趣的故事，我妈妈喜欢听感人的故事，只要你的故事能够打动他们，也许会答应我们的婚事。"果然，年轻人讲的故事非常精彩，国王决定把女儿许配给他。

就在公主出嫁的前一天，举国庆祝，年轻人也买了好多烟花和爆竹，点燃了挂在箱子外面，向天空飞去。土耳其的人民见了都开心极了，兴奋地说："驸马爷的眼睛真像是一对发光的星星，他果然是土耳其的神！"

就这样，年轻人乘着燃烧的飞箱，飞到不知名的森林里。但是当他打算回去的时候，却发现箱子已经被烧成灰烬，他再也没有办法飞到他的新娘那儿去了，和公主结婚的计划也成了泡影。从此，他游走在世界各地，为人们讲了许多好听的故事。

烟花为何能够冲上天？

烟花的花样与色彩总是令人惊叹，到底烟花是怎样制作的，又为什么会在高空爆开呢？

通常在制作高空烟花弹的时候，需要先造粒，在圆形的烟花弹壳中包有两组黑火药，一组点燃后会快速燃烧、从朝下的小孔中释放大量气体，负责在施放时将烟花弹推向高空。

另一组火药是利用延迟引线，等烟花升到高空后才会引爆，将烟花弹炸开、射出藏在内部的光珠，光珠混合了不同化学物质，利用每种金属化合物燃烧时颜色不同的特性，在夜空里绽放出五彩缤纷的光芒。至于光珠在烟花弹内的排列，则影响了烟花施放时的图案。

放烟花通常是将烟花弹放在长长的炮筒中，利用沙子固定位置，调整好预定施放的方向，弹壳外的火药将烟花往空中推进，导火索继续燃烧，经过一定的时间升到高空，当烧到烟花弹中央时，填入的光珠就会爆炸，发出耀眼夺目的闪光和火花。

反作用力的妙用

烟花施放时能够升到高空，是由于燃烧火药向下释放大量气体，产生反作用力将烟花弹往上推而达到的。

反作用力是什么呢？简单来说，"甲物体对乙物体施加了一个力，乙物体就会对甲物体产生一个大小相等，作用相反的力"，这就是反作用力。假设甲用力拍打乙，施力者是甲、受力者是乙，则同时也会产生一组反作用力，此时施力者是乙、受力者是甲。

如果我们用手捏住一个装满空气的气球吹嘴，再将手松开，气球会立刻从吹嘴相反的方向飞出去，这就是向后喷出空气的反作用力产生了使气球前进的力，和施放烟花的道理是一样的。此外，火箭能够发射升空，也是利用了作用力与反作用力的原理哦！

喷射引擎向下喷出气流，产生反作用力将火箭往上推动升空。

放开气球，气体从底部开口释放出来，反作用力会将气球往上推。

用铁锤将钉子敲进墙壁，拿锤子的手也会因反作用力而隐隐作痛。

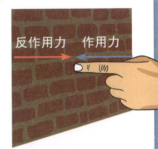

向墙壁施力时，会有力度相等的反作用力传回来。

马头琴

在内蒙古大草原上，流传着一种二弦的乐器，由于琴身顶端装饰着雕刻精美的马头，被称作马头琴。关于马头琴，还有一个动人的故事。

据说，从前草原上住着一个善良诚实的小牧童，叫作苏和。他有一匹聪明又有灵性的白马，苏和经常同白马说话、骑着马在草原上奔跑嬉戏，他与马互相依赖，感情非常好。

有一天，王爷通告要在草原上举行赛马大会，优胜者就能迎娶自己的女儿，苏和也带着白马去参加。赛场上，众多参赛者用力鞭打着马儿，苏和只是轻轻一拍马的屁股，在白马耳边说："小白呀小白，快跑，你一定可以赢过它们。"白马知道这场比赛对主人很重要，它努力奔跑，遥遥领先于其他竞争者，得了冠军。

没想到，王爷看到苏和是个穷小子，不但不肯将女儿嫁给他，还蛮横地塞

给他一枚金子，要将马扣下来，虽然苏和不同意，但是白马还是被留在了府里。

白马离开主人以后，在王府里不但不肯吃草，也不让王爷骑，硬是将王爷从背上甩到了地上，王爷生气了，命人将白马毒打一顿，可怜的白马很快就死去了，随后，王爷派人将白马的尸骨送还给苏和。

苏和伤心极了，他每天坐在门前，呆呆地看着远方，想念过去和白马共度的快乐时光。一天晚上，他梦见白马回来了，并和他说："主人，你那么想念我，就用我的骨、筋、尾做成一把琴吧！把琴带在身边，我们又可以天天在一起了！"

苏和醒来，就按照梦里说的做了一把琴，并在琴杆的顶部雕刻了一个精致的白马头像，从此，草原上经常洋溢着优美动人的旋律，像在诉说一个悲伤的故事。

琴音为什么悠扬？

有没有想过，马头琴的弦这么细，为什么能够弹奏出悠扬的乐声呢？这是"共鸣"的作用哦！

声音的形成，是由振动的发生和传播两个环节组成的。如果一个物体发出的声波频率，刚好能引起另一个物体产生振动，这样的现象就称为共振，而声音的共振现象称为共鸣，但一般来说，我们也可以广泛地称声音振动其他物体，而让其他物体跟着振动起来为"共振"。举例来说，我们在说话的时候，位于喉咙的声带拉紧，肺部的空气冲上来会产生振动，再透过口腔等声腔产生共鸣，放大声音；而我们能听到声音，也是耳朵的鼓膜和发音体产生共振的结果。

乐器的原理也是一样的。琴弦的作用类似声带，琴身则使频率相同的声波产生共鸣，使原声扩大。几乎所有的乐器都有个共振箱，如笛子、箫等管乐器的腔筒就是共振箱，二胡、琵琶、小提琴则有个"大肚子"，你一定看清楚共振箱在哪里了吧！

主人，记得帮我把肚子做大一点。

提琴类的乐器都有个大肚子，可以产生共鸣，扩大琴弦产生的音量。

中空的鼓身，具有共鸣的作用。

生活中的共振应用

共振现象不只声音才有，所有波动都能产生共振，如机械共振、电磁共振、核磁共振等，科学家将共振原理应用在科技上，也为人类带来很多便利。

小朋友们，你们有没有用过电磁炉？电磁炉就是应用电磁共振的原理。电磁炉的内部有铜制线圈，当交流电通过线圈时，因为电磁感应让铁锅里也产生了电流，又因为电流通过铁后就会发热，而让我们可以烹煮东西喽！

此外，近来流行的无线充电装置，只要将手机放在充电板上，不需要连接电线即可充电。这是由于在充电板内装有线圈，电流通过时会在周围产生磁场，手机内部的线圈接收到磁场之后，就会因为电磁感应而产生电流，从而完成充电。

医学上重要的核磁共振显影技术，也是基于身体的不同组织在接受特定的磁场和电磁波刺激时，让内部的小分子产生共振，发射出不一样的电磁波，再透过电脑仪器分析这些电磁波，借此来描绘身体内部的影像的。

核磁共振技术能显现大脑内部的影像，检查肿瘤病变情况。

手机、电动车、扫地机器人等设施的无线充电技术，都是应用电磁感应的原理。

曹冲称象

东汉末年,江东孙权派人用船运了一头大象,送到许昌去给丞相曹操作为礼物。由于大象生在遥远的南方,北方人只是听说过,从来没见过,所以曹操便带着儿子和大臣们一同观赏。

曹操看到大象身形庞大,突发奇想,命大臣们想办法去称一称大象的重量。

"这么大的象,要造一个多大的秤砣去称啊?"有人这么说。

"谁有那么大的力气把大象放到秤上去呢?"也有人这么说。

"干脆把象给宰了,一块一块来称。"还有人这么说。

大家都在一筹莫展的时候,曹操六岁的儿子曹冲却从人群中站了出来,他慢条斯理、胸有成竹地说:"我有办法!我们何不把大象牵到一条大船上,大象的重量会让船身沉下去一些,这时在船身水缘处画一条线做记号,接着再把大象赶上岸,船又会浮起来一些,然后去捡一些石头来,把石头一筐一筐地抬到船上,直到船下沉到画线的地方为止。最后,再称一称石头的总重量,这样不正好跟大象是一样重的吗?"

曹操满意地点头微笑,立刻派人照着曹冲出的主意去做,真的把大象的重量给称了出来。

曹冲这种用船当秤的办法至今仍在使用。现在,轮船船头上都画着刻度,从船头的刻度随时可以看到船吃水有多深,知道了船吃水的深浅,就可以知道船上的载重了。

科学教室

扫一扫，看视频

船为什么能当秤？

用船的吃水量计重的方式沿用至今，主要是应用散货船的水尺计数。水尺要读的是船艏、船舯、船艉三个水尺线左右两侧的数据，一共是六个数据，但在曹冲称象的那个年代，没有水尺计重表，曹冲只能牵大象先站到船上，然后在船上刻下艏舯艉两侧水面高度的标记线，再用石头堆积在船中，让船的吃水和刻下的水线吻合，这种保证石块和大象重量相等的测量方法，叫作等量替换法，是运用了水面上物体的重力相当于水对物体的浮力的原理。

在西方，希腊叙拉古城王国的国王曾经命人替他打造一顶纯金的皇冠，皇冠造好以后，国王却怀疑皇冠不是纯金的。但是这顶皇冠的重量，和当初交给金匠的黄金重量是一样的，要怎样才能知道有没有造假呢？国王找来聪明的阿基米德帮忙。阿基米德洗澡时，他突然想到可以利用测量两个等重物体排水量的办法，兴奋地连衣服都没穿就跳出澡盆。隔天在国王面前，将皇冠和等重黄金分别放进水里，发现皇冠排出的水量比较多，这就说明两者的比重不同，皇冠里一定掺了其他金属。这也是一种等量替换的方式，现在你明白了吗？

阿基米德

太好了，我想到啦！

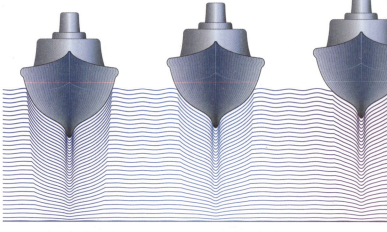

货船重量越重，船身在水里浸得越深，借由测量船的吃水量，可以计算载货重量。

浮力、重力与密度

大象很重，但为什么大象站在船上，船不会沉进水里，而是浮起来呢？这就是浮力的功劳了。

重力是物体受地球引力的影响而产生的，作用力往下；浮力则是物体在液体中产生向上的力，因此浮力能够抵消物体部分的重量，当我们泡在游泳池里的时候，会觉得身体变轻了，这就是浮力的作用。

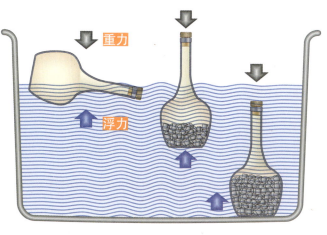

当物体的体积维持不变时，重量增加，密度和比重也跟着增加，浮力无法抵消重力，物体就会下沉。

影响浮力的因素有两项：一是物体没入液体的体积，二是液体的密度。物体没入液体的体积越大，受到的浮力越大；而液体的密度越大时，所产生的浮力也越大。物体在液体中的浮力等于物体所排出液体的重量，这是阿基米德在洗澡时发现的，因此浮力原理也称为阿基米德原理。

物体在水中能不能浮起来，和比重有很大关系。比重是物体的密度在水或其他液体中的比值，如果物体的密度比水大，比重会大于1，物体会沉下去，反之如果比重小于1，在水里则会浮起来。大象虽然很重，但是体积很大，再加上站在中空的木船上，拉低了平均密度，因此能浮在水面上；如果同样的重量浓缩成一个篮球那么大，物体的密度就会变得非常高，在水里说什么也浮不起来啦！

你们可要撑住啊！

雪人

这个雪人是在一群小男孩儿的欢笑声中诞生的。

雪人的样子并不特殊，他的头上有顶优雅的绅士帽，鼻子由长短适中的木棍做成，还算相貌英俊，他最大的愿望是："我希望我自己能动，但是我不知道怎样跑。"

"太阳会教你怎样跑的！"院子里的狗这么说。

"我不明白。"雪人回答着，"而且我有一种感觉，那个刚才盯着看我、后来又落下去，叫作太阳的那东西并不是我的朋友。"

忽然院子里来了一男一女，在咯咯地大笑着。

"真是出奇地美丽。"年轻的姑娘发出惊叹，他们恰恰站在雪人身旁，望着那些被雪覆盖、闪闪发光的树。"夏天就不会给我们如此美丽的风景！"她的眼睛里射出光彩。

"而且在夏天我们也不会有这样的一位朋友。"年轻人指着那雪人说,"它真漂亮!"

"这两个人是谁?"雪人问守院子的狗儿。

"一对恋人。"狗儿回答。

"你进过屋子里吗?"雪人问。

"当然,我以前就住在那里……"

雪人不再听下去了,他朝屋子望了望,有个跟它差不多大小的火炉,散发出柔和的光芒。

"火炉看起来真舒服!我能不能到那儿去躺一会儿呢?"

天真的幻想被狗儿打破了,它说:"你永远也不能到那儿去,如果你靠近火炉,就完了!"

"我想我也快完了。"雪人失望地说。

天气逐渐变了,雪开始融化,雪融化得越多,雪人也就变得越衰弱起来。它什么也不想说了。

不久,冬天就过去了,绿叶出芽,百灵鸟和杜鹃飞来了,温和的太阳也出来了,大地重新披上新衣,至于雪人,早已没有人记得它了。

雪花是什么？

你看过雪吗？在气候比较寒冷的温带地区，到了冬天会下雪，雪是什么呢？

先来做个小实验：将一个水杯放进冷冻库中，放着不管，最后会有什么变化？杯子内的水会渐渐凝固成冰，但是很神奇的是，杯子外面，竟然也结了一层薄冰，原本杯子外面是干的，那么杯子外头的这些冰是从哪里来的？

答案是：杯子外的冰是由空气中的水蒸气凝固而成的哦！液态的水在温度降低到0℃以下时会凝固成冰，而除了杯子里大量的水，空气中也有很多我们看不见的水蒸气，当水蒸气凝固成冰晶时，才能被肉眼观察到。

在正常气压中，冰如果升到0℃以上就能融化成水，水温再升到100℃则开始沸腾成为水蒸气。不过，水在任何温度下都可以蒸发，如潮湿的衣服能够晾干，就是水在蒸发的明显例子。

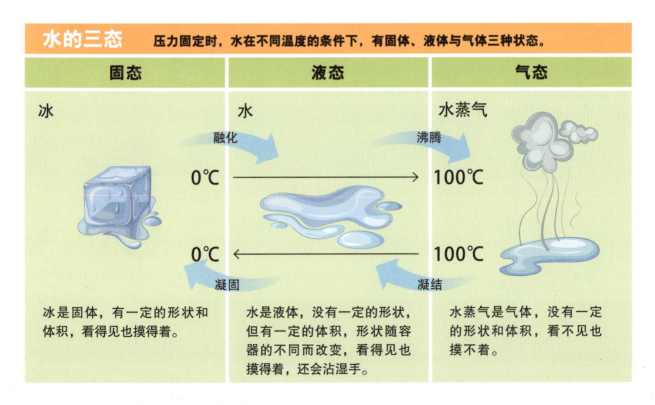

水的三态 压力固定时，水在不同温度的条件下，有固体、液体与气体三种状态。

固态	液态	气态
冰	水	水蒸气
冰是固体，有一定的形状和体积，看得见也摸得着。	水是液体，没有一定的形状，但有一定的体积，形状随容器的不同而改变，看得见也摸得着，还会沾湿手。	水蒸气是气体，没有一定的形状和体积，看不见也摸不着。

自然界的水循环

当我们了解水会随着温度变化，以固体、液体和气体三种形态出现之后，就不难理解大自然之中，大气与陆地、海洋之间的交换循环过程了，这也是一种"水循环"。

"哗啦——哗啦——"终于下雨啦！天空中的云朵其实是水蒸气凝结成的小水滴，当云层越积越厚，小水滴就要到陆地上旅行了。落下的雨水也许汇聚成河流，流向大海，或是渗入地下湿润大地。在冬天气温0℃以下的地方，水蒸气则会转变成固态的雪飘下来。地面上的河流、湖泊和大海中的水分蒸发后回到天上，又凝结成了白云，展开下一次的循环。

所以云不是水的气态，而是水的液态。如果我们能钻到云层里看看，那里面是像雾一般极小的水滴（雾也是水的液态）悬浮在空中的结果哦！

太阳辐射和地心引力是水循环的动力，而流域的地质、地貌、土壤、植被情况，对水循环也有着一定的影响，因为透过降水、蒸发、下渗、植物蒸腾等环节，大气圈、水圈、生物圈和岩石圈得以联系起来；借由水汽输送和径流输送，陆地和海洋也联系了起来。

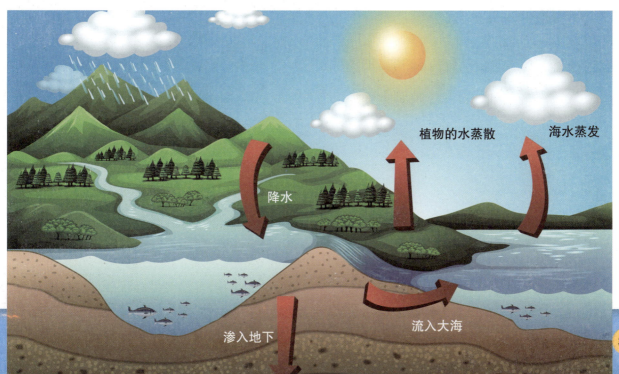

爱丽丝梦游仙境

一个晴朗的秋天,爱丽丝和姐姐一起坐在大树下看书,这时,一只兔子看了爱丽丝的怀表一眼,慌慌张张地说:"不好了,要迟到了!"便跑开了,爱丽丝好奇地跟着兔子,跑进一个洞穴里。

咚!爱丽丝跌入洞底,看着兔子迅速地跳进一扇门内,但是门太小,爱丽丝进不去,这时,她却看到桌上有一张纸,上面写着:"请喝果汁吧!"喝完,奇怪的事情发生了,爱丽丝迅速地缩小、缩小,终于通过了小门,当四周的动物拉起爱丽丝的手愉快地跳舞时,兔子从对面跑了过来,说"糟了!丢掉了手套和扇子,一定会被女王处死"。

爱丽丝继续向前走着，看见了一朵蘑菇，她问在上面抽烟的青虫："请你告诉我怎样才能变大。"

"吃一块蘑菇吧！"

爱丽丝吃了两口蘑菇，身体恢复到原来的大小。

"兔子在哪里？"爱丽丝问花猫。

"去找帽商和三月兔，也许他们知道吧！"爱丽丝朝着猫尾巴所指的方向走去，看到帽商和三月兔正在喝下午茶。"来参加我们的下午茶吧！"帽商发出邀请，但爱丽丝的杯子却是空的。

"这真是荒谬的下午茶会。"爱丽丝离开那里，看到扑克牌工人正用红油漆在涂着白蔷薇。"女王最讨厌白蔷薇，她快要经过这里了。被她发现有白蔷薇，我们会被砍头的。"扑克牌工人吓得直发抖。

最后爱丽丝见到女王，脾气暴躁的女王因为爱丽丝不听使唤，下令砍掉她的头，听到命令的扑克牌士兵拿着矛朝爱丽丝冲来。

"哎哟！"爱丽丝尖叫一声，并伸出手去阻挡。这时突然听到姐姐的声音。

"爱丽丝，快醒醒！"原来这是一场梦，身旁的怀表只过了10分钟而已。

时间是从哪来的

"嘀嗒、嘀嗒"钟表上的刻度清楚地告诉我们现在的时间，提醒我们该起床、吃饭、出门或睡觉了。

你有没有想过，时间是谁发现的？为什么一年会有365天，1天会有24小时呢？是谁规定的呢？在还没发明机械时钟之前，人们又怎么知道具体的时间呢？其实，日月星辰的运转有一定的规律，聪明的老祖宗通过观察日出日落，"日"的长度就规定出来了；月亮也有圆缺现象，每29.5天一次循环，于是"月"也出现了。

据说公元前4000年，埃及人以观测天狼星的位置来判断尼罗河泛滥的时间和播种季节，他们发现尼罗河每隔365天泛滥一次，因此将尼罗河泛滥的那一天定为一年的开始，并称天狼星为"尼罗河之星"，将它看成是埃及神的化身。

其实一天也不是24小时，地球自转一圈约23小时56分钟（简称为1个"地球日"），换句话说每23小时56分钟就过了一天。那多出来的4分钟怎么办？这就是每逢闰年的2月会有29天，比平常每年的2月多出一天的原因。

星球的运行有一定规律，古时候的人借由地球和星星、月亮、太阳的相对位置来判定时间。

古人的计时装置

只凭肉眼来判断日月星辰的变化并不精确，因此老祖宗发明了计算时间的工具"日晷"。日晷是一种利用太阳投射的影子来测定时间的装置，又称"日规"。晷面的两面都有刻度，分子、丑、寅、卯、辰、巳、午、未、申、酉、戌、亥十二时辰，刚好一日 24 小时，但是在看不到阳光的时候不能用，如阴天和晚上。

中国古代还有一种自动化测量时间的装置，称刻漏（或漏刻）。这种计时装置最初只是中间带孔的漏壶，由上方泄水壶滴到下方的受水壶，液体表面的浮箭会随着时间流逝升起或下降，察看浮箭对应的标尺就可以知道时间了。不过，由于滴水速度会受液位高低的影响，水位高时流速较快，水位低时流速较慢，因此后来又出现串联多个漏壶的改良装置。

来不及了！
要迟到了！

日晷早在 6000 年前的古巴比伦时期就开始使用，中国是在 3000 多年前的周朝开始使用的。

晷面
石制的圆盘叫作晷面，安放在石台上，呈南高北低状，使晷面平行于天赤道面，这样，晷针的上端正好指向北天极，下端正好指向南天极。

晷针
铜制的指标叫作晷针，垂直地穿过圆盘中心，起着圭表中立竿的作用，因此，晷针又叫表。

古人也利用直观的方式计时，如烧完一炷香的时间、喝完一盏茶的时间、吃完一顿饭的时间。

利用刻漏计时的装置，在今天仍然看得到。

跳蚤和教授

很久以前,有一个很想乘坐热气球的人,由于始终没有办法弄到一个热气球,因此改行为大家表演魔术,自称为"教授",希望能获得一个热气球,和他心爱的太太一起飞到天空中去。

教授的太太跟着他到处表演,可是有一次,当教授表演"大变活人"的魔术时,他的太太真的不见了。原来,她厌烦了这样的生活,离开了。教授只剩下一只大跳蚤,于是他开始训练跳蚤表演魔术,教它举枪敬礼、放炮,不过是一尊很小的炮。

跳蚤跟着教授到许多大城市去表演,它在报纸上出现过,成了个名角色,甚至能养活教授了。他们走遍了世界,彼此相依为命。

有一天,教授和跳蚤来到了野人国,野人国的公主被跳蚤的戏法迷住了,热烈地爱上了跳蚤。这段时间,公主快乐极了,跳蚤也是,可是这位教授却感到不安,于是他想了一个办法。

"敬爱的国王,我想给大家表演放礼炮。"教授继续说,"我们能使整个地球都震动起来,只需轰一声就成了!"

美其名曰制造大炮,其实教授要来的材料都是做热气球用的绸、针和线,以及热气球所需的燃料。完工那天,全国的人都争相来看这尊"大炮",跳蚤也坐在公主手上看。热气球现在装满气了,它鼓了起来。

"我得把它放到空中去,好使它冷却一下再开炮。"教授坐进吊在下面的那个篮子里,"不过我单独一个人无法驾驭它,我需要跳蚤来帮我。"

"那好吧。"公主说,她把跳蚤交给了教授。

"请放掉绳子吧!"教授说。

大家以为他在说:"发炮!"但是气球却越升越高,升到了云层中,离开了野人国。

热气球为什么能升空?

乘坐在热气球上,俯瞰大地景色,真美啊!你知道热气球为什么能飞在天空中吗?

热气球升空是借助于空气的浮力。前面说过物体在液体中的浮力,其实在气体中也一样,只要热气球(连同所携带的重物)的平均密度小于空气,它就能够浮起来。

由于热气球内的气体经过加热后体积膨胀,密度就会变低,相对于空气的比重变小,所以能够浮在空气中。如果我们不用热空气,使用密度较低的氦气或氢气来充满气球或飞艇,也可以获得足够的升力,实现在空中飞行的计划。

热气球的构造

热气球的构造主要由球囊、吊篮和燃烧器三部分组成。球囊中充满了空气，吊篮供人乘坐和装载燃料，燃烧器则是热气球的心脏，作用是加热球囊内的空气，使热气球的比重低于周遭空气而能够起飞，气球的升降也是由燃烧器火力大小控制的。

伞顶
打开伞顶释放热空气，热气球会缓缓下降。

球皮
球皮的材质需要有很强的弹性和韧性。

燃烧器
使用比一般家庭煤气炉大 150 倍的能量燃烧压缩气，能一直保持火种，即使受到风吹，也不会熄灭。

吊篮
吊篮多由藤条编织而成，着陆时有缓冲作用。吊篮内还装有液化气瓶、温度表、高度表、升降表等飞行仪表。

液态燃料
热气球通常用丙烷或液化气作为燃料，气瓶固定在吊篮角落。一只热气球能载重 20 千克的液体燃料。

你们不要离开我……

上升力 > 阻力 + 重力　热气球上升
上升力 = 阻力 + 重力　热气球停在固定高度
上升力 < 阻力 + 重力　热气球下降

速度和方向	最佳飞行时间	热气球的升降
热气球的动力是燃烧器，没有方向舵，它是随风而行的，速度和方向都由风力决定，因此想调整热气球的方向和速度，就需要寻找不同的风层。	一天中太阳刚刚升起时或太阳下山前一两个小时，是热气球飞行的最佳时间，因为此时通常风很平静，气流也很稳定，但一些因素如气温、风速、吊篮重量等，也会影响飞行的持续时间。	热气球的升降可借由加热装置来操控。当火烧得越旺时，气囊内的气体越热，密度越小，可以飞得越高；反之气囊内温度降低时，热气球的高度则会下降。

影子

有一位住在寒带的年轻学者到热带国家去做研究，由于天气太热，弄得他筋疲力尽，连他的影子也萎缩起来，但街道各个角落却洋溢着似火的热情。

学者住所对面有间沉寂的房屋，那里似乎从没人出现过，一天晚上他醒来坐在阳台上，房间的灯把自己的影子投射到对面屋子的墙上，他动一下，影子也就动一下。

"我相信，这儿所能看到唯一活着的东西，就是我的影子。"这位学者不断自言自语，"影子啊，你应该放聪明些，走进里面去瞧瞧，再回来把所看到的东西告诉我，不过千万不要一去不回来啦。"

第二天当他走到太阳光下的时候，忽然发现："怎么回事儿？我的影子怎么不见啦？它昨晚真的走了没再回来？"然后，他又走到阳台上，把烛灯放好，因为他知道影子总是需要它的主人做掩护的，"出来！出来！"可是，无论他如何叫，都没有办法把它引出来。

  不过在热带国度里,一切东西都长得非常快,一个星期以后,他发现在太阳光下,一个新的影子从他的脚下长出来了,长长的,而且胖了很多。

  不久,学者回到家乡写了许多书,研究这世界上的真善美;岁月一天天过去了,有一天他坐在房里,有人轻轻敲门,是位衣着入时的绅士,原来,他是学者遗失的影子,现在成了一个具体的人,有了真正的血肉和衣服。

  "这究竟是怎么一回事?我从来没有想到,一个人的旧影子会像人一样又回来了!"

  "您知道热带国家住在对面房间里的人是谁吗?是诗神!我在那儿住了三个星期,读了世界上所有的诗和文章,我看到了一切,我将全部告诉您。"他们的谈话令学者开心极了。

  接下来的岁月中,影子常来拜访,等到学者变得又老又病时,影子说:"你来当我的影子吧,我会照顾你的。"

  学者虚弱地说:"好的,以后就让我伴在你的左右吧!"

影子是如何形成的？

你曾经观察过自己的影子吗？你知道影子是怎样形成的吗？影子与光有什么关系？现在让我们来了解其中的秘密。

影子是一种物理现象，黑黑的影子，是光线传播受到阻挡的结果。由于光线是以直线传播的，当照射到不透明的物体时，该物体会挡住了光线的照射，从而在物体的反面产生一块光线照不到的黑暗区域，也就是所谓的影子。因此在光线照射下，所有的不透明物体都有影子，而且影子的方向，一定在光源的另一头。

猜猜看，光源在哪里？

历史悠久的民间艺术皮影戏，就是利用灯光和剪影来呈现的戏剧。

你干吗老跟着我？

影子好好玩

如果说影子是光线被物体遮住而产生的，那影子是不是应该和物体的形状一模一样呢？但是，大家低头看看我们自己的影子，明明有的时候大、有的时候小，有的时候长、有的时候短，感觉每次看它都不太一样，那是为什么呢？

影子的大小和长短，和光源的远近及角度有关，由于太阳在每天的不同时刻，在天空中的位置都不一样，因此投射下来的影子也有长有短，我们来做个小实验，你就会更清楚了。

咦，右边的人怎么腿特别长？原来，物体距离光源的远近，也会影响影子的长短。

小实验

器材准备：
手电筒、自己的双手、阴暗的房间

实验方式：
①将手电筒的光当作光源，对准自己的手照射，会发现手影投射在墙壁上。
②调整光源的远近，观察影子的变化。
③调整光源的角度，观察影子的变化。
④发挥创意，做出不同的手势，看看墙壁上出现了些什么？

兔子

蜗牛

鸭子

豌豆公主

很久以前,有位王子寻访世界各处,为的是要娶一位真正的公主为妻,但是经过很长的时间,总是无法找到,王子觉得碰到的公主都不是真的公主,都只是为了要嫁给他而假扮的,于是他失望地回到了自己的王国。

在一个闪电和风雨交加的夜晚,传来了一阵急促的敲门声。侍卫打开门,迎来了一位全身湿透的女孩儿,雨水顺着她的长发往下流,衣服湿答答地粘在身上,鞋子里因为浸满了水,她一移动,便发出尴尬的吱吱声,但是,她对着开门的侍卫说:"我是真正的公主。"

她是不是一位公主,当下没有人能证明,因为她早已狼狈不堪了,即使有着花容月貌,也都因为雨水而变了样子。

为了辨别她是不是真的公主,皇后想了一个办法,她把所有的被子翻开,在床上放了一颗豌豆,并在豌豆上叠了20层床垫和20条鹅绒被子,让女孩儿睡在上面,这个测试将能证明她到底是不是公主。

第二天一早,所有的人都想知道女孩儿昨晚睡得是否安稳。

"实在太不舒服了,我一个晚上都无法入眠,我觉得背后有一块硬硬的东西,让我睡得十分不舒服。"女孩儿不客气地嚷着告诉大家,于是所有的人都相信了,她就是真正的公主,因为只有身躯娇贵的公主,细嫩的皮肤才能感受到20层床垫和20条鹅绒被下的一颗小豌豆。

因此,王子这回终于找到了真正的公主,开心地结婚了。而那颗豌豆呢?它还被放在城堡里的博物馆供大家参观呢!

为什么会感受到豌豆？

故事中的公主即使睡在 20 层垫褥上，也能感受到豌豆，表示公主躺在柔软的床垫上，她的身体重量压下去的时候，被褥会因她重量的下压而有所凹陷，于是就感受到了豌豆的刺激，这是一种力的效应。

力又可以分为两大类别，一种是接触力，另一种是非接触力。接触力包括把弹簧拉长、让尺变弯、打铁、捏陶土或推车等作用力；液体和气体使物体向上的浮力；两物体的接触面间产生阻止运动的摩擦力（如刹车让车辆停止）；当弹簧或橡皮筋等弹性物体受作用力发生形变时，内部会产生一种要恢复原状的弹力。

非接触力是两个物体不需要直接接触就能产生的力，如万有引力、磁力、静电力。物理学的原理进一步揭示：本质上所有的接触力都源自于非接触力。

回到《豌豆公主》的故事中，床垫下豌豆对公主的施力也是一种接触力。当然，童话故事里，20 层垫子铺下去，一颗小豌豆到底还能不能让公主有这种细微的感受，就不去评价啦！

接触力

用手捏拉陶坯

橡皮筋的弹力

不接触力

磁铁的磁力

人造卫星环绕地球的引力

力和受力面积的关系

虽然我们不像豌豆公主那样娇生惯养，睡在铺着20层床垫的豌豆上还能感觉出不适，不过，倒是可以借由豌豆来讨论一下物体受力面积和压强的关系。

压强是分布在特定作用面上的力与该面积的比值，换句话说，如果受力面积越大，平均承受的压强越小。你有没有被针刺到过？被针的尖端轻轻刺一下，手指很容易就会流出血来，但是如果反过来，改由比较圆的那一端戳到手呢？应该就不会流血了，对不对？

如果没有被刺过，那很好，我们不需要刻意去用针扎自己，这样很危险，会受伤，我们可以改用铅笔来做实验。铅笔有削尖的一端和平的一端，分别拿两端戳戳手心，哪一端比较痛？

针头的面积非常小，因此稍加施力就能扎进肉里。

刀锋磨得越锐利，切菜越省力。

全身体重集中在高跟鞋的细跟上，脚跟需要承受很大的压强。

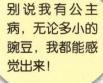
别说我有公主病，无论多小的豌豆，我都能感觉出来！

压强公式

若以P代表压强，F代表物体所受的垂直力，A代表受力面积，则：

压强＝物体所受的垂直力÷受力面积　（P＝F／A）

西绪福斯

古希腊时代，有位巨人大力士叫作西绪福斯。据说在他被打入冥界前，嘱咐妻子不要埋葬他的尸体。到了冥界后，西绪福斯告诉冥后帕尔塞福涅，一个没有被埋葬的人是没有资格待在冥界的，并请求给予三天时间返回人间处理自己的后事。没有想到，西绪福斯一回到人间就赖着不想回冥府去了，他因此惹怒了神祇，被处罚做一项永无止尽的苦刑——将一块巨石从奥林帕斯山下推到山上。由于众神诅咒的力量，只要巨石一抵达山顶，就会再自动滚落到山下。

西绪福斯当然不知道自己被下了诅咒，他只是不断卖命地推石头，期待有朝一日将石头推到山顶上，但是，不管如何努力与认真，只要石头一到了山顶，总会不由自主地往山下滚，他只好再重头往上推一次，又滚下来，再推，再滚……西绪福斯的心情就在希望、努力、失望中周而复始、没完没了，永远重复一样的事情，也不断在体力的消耗与疲累中，思考生命的意义与真谛。

然而有一天，西绪福斯在搬运巨石的途中，忽然意识

到，自己搬动巨石的当下，肌肉的变化与动作都无比美妙，他专注地观察着自己全力以赴的神情，具有独一无二的尊荣，也感受到付出是一种喜悦，汗水带给他甜美的心情，他发现此刻所有的劳苦、疲惫、绝望忽然都消失殆尽了，他全心享受这份苦役，不再抱怨与焦虑。

奇妙的事也就发生了，诅咒竟然在瞬间解除了，巨石不再滚回山下，西绪福斯从永无休止的苦役中重新获得了自由。

巨石如何向上推？

巨人将巨石滚向斜坡顶端，要施多大的力量？我们从真实的情况来理解滚动的原理。四五千年前，古埃及的金字塔是由一块一块大石头堆砌而成的，这些石块平均重达 2.5 吨，最大的胡夫金字塔是由 230 万块大石堆砌而成，埃及人怎样搬运如此多又沉重的石头？

考古发现，从采石场到大金字塔的遥远路程有一段可能是靠水运，而巨型雕像则是放在橇子上由数百名工人人力拉动的。但其他成千上万的石块，进入金字塔之后，又要如何运到高处去呢？

在金字塔内部环绕有螺旋形的斜坡，考古学家认为，这些斜坡与巨石的搬运有关。有物理学家提出在巨石四周捆绑木棍，滚动运行以提高搬运速度的理论，英国巴里博士则在古墓中发现好几个半月形、形状很像摇篮的木框，他进行实验，在 2.5 吨重的石材四边都用绳子绑上这种木框，使原本立方体的石材变成了圆形，然后放在斜面上拉动，结果以 20 个人力用 50 秒的时间，就成功拉起了巨石！

在方形石块的四周都绑上半月形的木框，石块会变成圆形的，推动起来就容易许多。

轮子转哪转

推动一个沉重的大石块很费力，但如果在石头下面装了轮子，或者石头是浑圆的，推起来就会轻松许多，这是为什么呢？

这是因为圆形物体能够以滚动的方式前进，而四边形则只能以滑动的方式前进。（正多边形的边数越多，越接近圆形，越能以接近滚动的方式运动。）当物体在地面行进的时候会产生摩擦力，阻碍物体前进，而摩擦力和接触面积成正比，以滑动方式前进的四边形和地面的接触面积较大，因此摩擦力也比较大，滚动前进的圆形物体则是以点的方式接触地面，减少了许多摩擦力。

此外，由于圆形物体没有棱角，因此也减少了颠簸。以前的人利用圆的这种特性发明了车轮，装在马车、牛车上，成为代步的交通工具。

圆形的轮子可以滚动，但是方形的轮子只能用推或拉的，让它滑动。

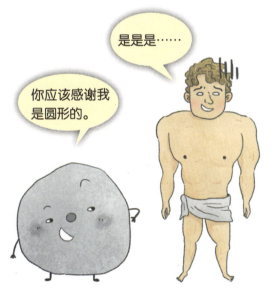

各种形式的车，轮子都是圆形的。

蓝灯

从前，有一位士兵服役多年，可是战争结束后，国王却对他说："你可以解甲归田了，从此也没有军饷了。"

可怜的士兵便拖着沉重的脚步回家，经过森林时，他看见一位巫婆，就对她说："拜托施舍我一点吃的和喝的吧！"

"要是你按我说的做，我可以给你食物。在我屋后有口干枯的老井，有一

盏蓝灯掉下去了，你帮我把它捡上来。"

老巫婆用筐子把他放到井里，士兵找到了那盏蓝灯，发出信号让巫婆把他拉上去，却担心巫婆不安好心，于是说："我不能把灯给你，我要先上去。"巫婆一听火冒三丈，把士兵扔回井里便走了。

士兵被摔到井底，看着蓝灯闪烁发光，心里无限哀伤，无意间把手伸进口袋，摸到了他的烟斗，哀怨地说："这是我最后的享受了。"于是就着蓝灯的火焰点燃烟斗开始抽。

烟雾弥漫间，一个皮肤黝黑的小人儿出现在他的面前，说："先生，您有何吩咐？我是有求必应的。"

"帮我从井里出去吧。"小人儿不但救了士兵，还帮他找到巫婆聚敛的金银财宝，还帮他制裁了巫婆。

"您还有什么吩咐吗？"

"我为国王服役多年，最后却一无所有。你去宫里把公主背来，让她给我当女仆。"

午夜钟声刚响，小人儿把公主背了过来。

国王知道后，派人把士兵关进监牢，他匆忙中忘了带上蓝灯，他戴着沉重的镣铐，看到一个当年服役同伴，对他说："你帮我把忘在旅馆的小包裹取来，我一定好好酬谢你。"当他再度拿到蓝灯点燃烟斗时，那位皮肤黝黑的小朋友又出现了，当然最后的结果是，士兵得救了，他逃到了很远的地方，而且公主也嫁给了他。

色彩从哪里来？

这个世界上，充满了缤纷的色彩——蔚蓝的天空、翠绿的草原、鲜红欲滴的苹果、褐黄色的大地……到底美丽的颜色从哪儿来？告诉你一个令你意想不到的事实，颜色是不同波长的光波，经由物体反射并且被眼睛接收后，由大脑分析所得出的结果，所以颜色只跟光线本身有关，不同波长的光在大脑的分析之下，会解读为不同的"颜色"。

当光线进入眼睛时，就让我们产生视觉，看到物体的形状和色彩。人的视网膜分布许多感光细胞，其中锥状细胞主要负责感受颜色，但是需要足够的光线才能进行，因此在光线微弱的房间内，我们只能大约看见物体的形状，却无法分辨颜色。

想知道光线波长与颜色的关系吗？在雨后放晴的天空，经常能看见一道美丽的彩虹，由外而内分别是"红、橙、黄、绿、蓝、靛、紫"，我们耳熟能详的彩虹颜色排列，其实也正是可见光波长的顺序。肉眼可见光的波段约在380～760纳米（1纳米=1/1000000毫米），紫色光的波长最短，红色光的波长最长，而超过范围的光我们就称为紫外线、红外线，都属于肉眼看不见的光。

视觉如何形成

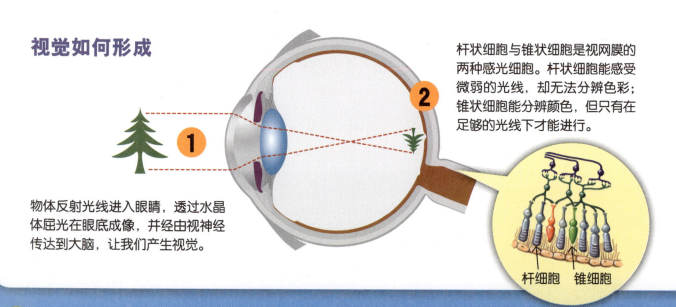

物体反射光线进入眼睛，透过水晶体屈光在眼底成像，并经由视神经传达到大脑，让我们产生视觉。

杆状细胞与锥状细胞是视网膜的两种感光细胞。杆状细胞能感受微弱的光线，却无法分辨色彩；锥状细胞能分辨颜色，但只有在足够的光线下才能进行。

杆细胞　锥细胞

色彩不简单

我们所看到的色彩可分为两类，一类是发光体发出来的光的颜色，称为"光源色"，如阳光及电视、电脑荧幕等主动发出来的光。牛顿曾经用透明的三棱镜做实验，发现太阳光经过偏折后能分离出彩虹的七种颜色，换句话说，当所有的光源色加在一起的时候，就形成我们所见的白色日光。人们进而发现，将红色、绿色和蓝色三种颜色互相混和，能产生各种不同颜色的色光，因此称"红、绿、蓝"为色光三原色，这是一种"加色法"。

另一类是当光线照在无法穿透的物体上时，物体会吸收一部分的颜色，并反射部分光线进入我们的眼睛，这种颜色称为"物体色"或"颜料色"，我们所看见物体的色彩取决于它所反射出来的光波。所有不能自行发光的物体，包括纸张、颜料、衣服、人等都是属于物体色。当物体色彼此混和的时候，反射的光线会变少，颜色越深，如果所有物体色加起来就无法反射任何光线，形成黑色，这是一种"减色法"。颜料三原色是"红、黄、蓝"，利用这三种颜色彼此混合，可以形成各种不同的颜色。

色光三原色（加色混合）

颜料三原色（减色混和）

太阳光和电脑、手机荧幕等能够主动发光的物体，显示出来的是光源色。

你为什么那么黑？

我住在灯里，吸收太多光线了！

玫瑰花美丽的红色是经由光线反射进入我们的眼睛，属于物体色。

盐贩和驴子

从前,有位卖盐的商人,为了做生意,每次要到很远的地方做买卖,总是赶很久的路,带着沉重的货物辛苦往返,不久他终于赚了点钱,买了一头驴子来载重,心想:"总能帮我省省力了!"

一天,他兴冲冲地赶着一头驴子到海边去买盐,为了能卖更多,商人尽量让驴子多驮一点,走哇走着,驴子也气喘吁吁的。回程的时候途经一条小河,

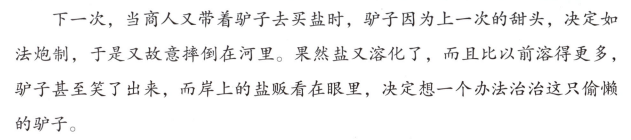

驴子因为身上背了太多盐，有点重心不稳，一不小心跌了一跤，连同身上的货物一起摔进河里。当驴子狼狈地爬起身时，袋子里的盐因为在水里溶化了一些，驴子忽然感受到重量减轻了不少，少了负重，驴子开心极了。

下一次，当商人又带着驴子去买盐时，驴子因为上一次的甜头，决定如法炮制，于是又故意摔倒在河里。果然盐又溶化了，而且比以前溶得更多，驴子甚至笑了出来，而岸上的盐贩看在眼里，决定想一个办法治治这只偷懒的驴子。

他决定不再买盐了，这回他买了一大包棉花让驴子驮着，驴子哪里知道棉花和盐是完全不一样的物质，它依旧故技重施，过河的时候假装摔倒，没想到棉花的性质和盐大不相同，吸饱了水的棉花比原先重了好几倍，驴子后悔极了，却怎么也想不通为何这次的结果会大不相同。从此以后，驴子不敢再投机取巧了，更不敢随意摔进河里，它每次都会乖乖地运送货物了。

盐倒入水中会怎样？

盐是重要的食物调味料，它的历史非常久远，新石器时代的人类就已经懂得开采盐了。在远离盐区的地方，人们必须透过买卖来取得盐，因此盐在早期可以当作货币使用，是非常珍贵的物资，穿越撒哈拉沙漠的骆驼商队就是运送食盐的主要途径之一。

用放大镜看盐，盐是白色方形的颗粒，摸起来粗粗的，如果倒入水中，经过一阵搅拌之后，我们就看不见盐的颗粒了，但是水喝起来会变得咸咸的，代表盐成为水的一部分了，这就是"溶解现象"。其中，水称为溶剂，盐称为溶质，溶质溶解于溶剂后，形成溶液，所以盐水是一种溶液。

生活中的溶解现象无所不在，例如喝咖啡时加入方糖调味，喝柠檬汁时加入冰糖调味，煮汤时加入食盐调味，等等。溶质并不一定是固体，也可以是气体或液体，例如酒精溶液中的酒精就是液体，而汽水中的二氧化碳则是气体的形式。

将砂糖倒入茶水中搅拌，糖会慢慢溶化，这时糖是溶质、茶是溶剂。

可乐主要由二氧化碳和糖水构成，其中二氧化碳就是气体形式的溶质。

泡腾片一旦遇水就会产生二氧化碳，和其他的成分一起溶进水里。

溶解速度大不同

你有没有过这样的经验——你想喝一杯冰冰凉凉的糖水，可是在冰水中加入砂糖，糖老半天都没有溶化；如果先放一点热水，再把糖加进去搅一搅，很快就看不见颗粒了。如果仔细观察，会发现糖在一开始溶解的速度比较快，持续倒入大量砂糖之后，溶解速度会慢下来，最后产生大量沉淀，再也无法溶解。此外，颗粒很大的冰糖，需要花很长的时间才能慢慢溶解，而颗粒很小的细砂糖，很快就能在水中溶化。

这是因为溶解速度受到接触总表面积、温度和浓度的影响。一方面，溶质和溶剂的接触表面积越大、溶液温度越高、浓度越低，溶解速度越快。另一方面，溶解量是有限制的，一旦达到固定的极限量，那么无论再怎样搅拌，也无法溶解新加入的溶质了，这时的溶液，我们称为饱和溶液。加入太多糖的糖水会产生沉淀物，就是无法溶解的颗粒。

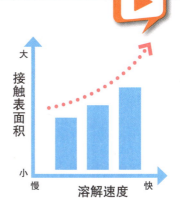

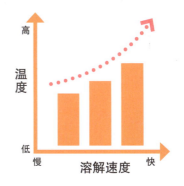

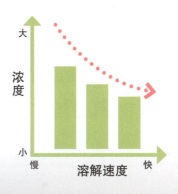

盐湖的含盐量非常高，超过溶解度的盐会被析出白白的结晶。

小牛顿科学与人文

成语中的科学（全6册）

中国源远流长的五千年文明，浓缩发展出了充满智慧的成语。在这些成语背后，其实有着与其息息相关的科学知识。本系列将之分为植物、动物、宇宙、物理、化学、地理、人体等多个领域。根据每则成语的出处背景或意义，编写出生动有趣的故事，搭配精细的图解，来说明成语背后所蕴含的科学原理，让孩子在阅读成语故事时，也能学习科学知识！

内容特色：

1. 涵盖植物、动物、宇宙、物理、化学、地理、人体等七大领域。
2. 用90个主题、180个细分科学知识点来讲解，近千幅全彩高清插图配合知识点丰富呈现，内容详实有深度。
3. 配以23个有趣的科学视频进行拓展，扫描二维码即可快捷观看，利用多媒体延伸阅读。
4. 将"科学"与"人文"相结合，将科学的触角伸入更多领域，使科学更生动、多元、发散。

全套6册精彩内容
90个成语
180个科学知识点
23个科学视频

- 每册15个成语故事
- 深入浅出地介绍成语中的科学原理
- 浅显易懂的图示讲解
- 丰富多元的知识拓展
- 充满童趣的插画风格
- 扫一扫二维码，可观看科学小视频。登录现代出版社官网（www.1980xd.com），还可以在线观看及下载全套视频。

小牛顿 科学与人文

故事中的科学（全6册）

故事除了有无限丰富的想象力，还可以带给孩子什么启发呢？本系列借由生动的故事，引发儿童的学习动机，将科学原理活泼生动地带到孩子生活的世界，拉近幻想与现实的距离，让枯燥生涩的科学知识染上缤纷色彩。本系列分成动物、植物、物理、化学、地理、宇宙等领域，让孩子在阅读过程中，对科学知识有更系统性的认识，带领孩子从想象世界走进科学天地。

内容特色：

1. 涵盖动物、植物、物理、化学、地理、宇宙等六大领域。
2. 用 90 个主题、180 个细分科学知识点来讲解，近千幅全彩高清插图配合知识点丰富呈现，内容详实有深度。
3. 配以 24 个有趣的科学视频进行拓展，扫描二维码即可快捷观看，利用多媒体延伸阅读。
4. 将"科学"与"人文"相结合，将科学的触角伸入更多领域，使科学更生动、多元、发散。

全套 6 册精彩内容
90 个故事
180 个科学知识点
24 个科学视频

- 每册 15 个趣味故事
- 充满童趣的插画风格
- 深入浅出地介绍故事中的科学原理
- 丰富多元的知识拓展
- 浅显易懂的图示讲解
- 扫一扫二维码，可观看科学小视频。登录现代出版社官网（www.1980xd.com），还可以在线观看及下载全套视频。

版权登记号：01-2018-2123

图书在版编目（CIP）数据

曹冲称象为什么会用船？：故事中的趣味物理 / 小牛顿科学教育有限公司编著. —北京：现代出版社，2018.6（2021.5重印）
（小牛顿科学与人文.故事中的科学）
ISBN 978-7-5143-6947-2

Ⅰ.①曹… Ⅱ.①小… Ⅲ.①物理学—少儿读物 Ⅳ.①O4-49

中国版本图书馆CIP数据核字（2018）第054664号

本著作中文简体版通过成都天鸢文化传播有限公司代理，经小牛顿科学教育有限公司授予现代出版社有限公司独家出版发行，非经书面同意，不得以任何形式，任意重制转载。本著作限于中国大陆地区发行。

文稿策划：	罗玉容、卢敏
插　　画：	陈颖慧　P4~6、P24~26、P40~41、P43、P52~53、P55、P60~62
	陈志鸿　P8~10、P12~13、P15、P16~18、P20~22、P28~29、P31、P44~46、P48~49、P51、P56~57、P59
	小牛顿数据库　P14、P18、P35、P47、P58
照　　片：	Shutterstock　P6~7、P10~11、P14、P18~19、P22~23、P26~27、P30~31、P34、P32~33、P36~37、P39、P42、P46~47、P50~51、P54~55、P59、P62~63
	Dreamstime　P14、P38、P50
	小牛顿数据库　P15、P19

曹冲称象为什么会用船？
故事中的趣味物理

作　　者	小牛顿科学教育有限公司
责任编辑	王　倩
封面设计	八　牛
出版发行	现代出版社
通信地址	北京市安定门外安华里504号
邮政编码	100011
电　　话	010-64267325　64245264（传真）
网　　址	www.1980xd.com
电子邮箱	xiandai@vip.sina.com
印　　刷	永清县晔盛亚胶印有限公司
开　　本	889mm×1194mm　1/16
印　　张	4.25
版　　次	2018年6月第1版　2021年5月第2次印刷
书　　号	ISBN 978-7-5143-6947-2
定　　价	28.00元

版权所有，翻印必究；未经许可，不得转载